# BEI GRIN MACHT SICH IHR WISSEN BEZAHLT

- Wir veröffentlichen Ihre Hausarbeit,
  Bachelor- und Masterarbeit

- Ihr eigenes eBook und Buch -
  weltweit in allen wichtigen Shops

- Verdienen Sie an jedem Verkauf

Jetzt bei www.GRIN.com hochladen
und kostenlos publizieren

**Bibliografische Information der Deutschen Nationalbibliothek:**

Die Deutsche Bibliothek verzeichnet diese Publikation in der Deutschen National-
bibliografie; detaillierte bibliografische Daten sind im Internet über http://dnb.d-
nb.de/ abrufbar.



**Impressum:**

Copyright © 2016 GRIN Verlag, Open Publishing GmbH
Druck und Bindung: Books on Demand GmbH, Norderstedt Germany
ISBN: 9783668496996

**Dieses Buch bei GRIN:**

http://www.grin.com/de/e-book/370888/das-landschaftselement-kueste-und-die-
notwendigkeit-des-kuestenschutzes

Charlott Zitschke, Jan-Erik Puschmann

# Das Landschaftselement Küste und die Notwendigkeit des Küstenschutzes am Beispiel der Nordseeküste

GRIN Verlag

Friedrich-Schiller-Universität Jena

Sommersemester 2016

Institut für Geographie

Lehrstuhl für Physische Geographie


GEO 235 – **Physische Geographie I**


**Das Landschaftselement Küste und die Notwendigkeit des Küstenschutzes**

**am Beispiel der Nordseeküste**

Seminararbeit


vorgelegt von:


Charlott Zitschke, Studiengang: Geographie/Sozialkunde (LA)

Jan-Erik Puschmann, Studiengang: Geographie/Sozialkunde (LA)


Abgabedatum: 05.05.2016

# Inhalt

## II Zusammenfassung

Die Küsten bilden das fundamentalste Landschaftselement der Erde. Sie werden als das Aufeinandertreffen vielfältiger Sphären und deren Korrelation definiert. Die Formung von Küsten wird durch konstruktive oder destruktive Bildungsprozesse, sowie durch Meeresspiegelschwankungen, hervorgerufen. Küsten treten in verschiedenen natürlichen Formen auf, die als Ingressionsküsten und als endogen-bestimmte Küsten klassifiziert werden. Die größten Gefährdungen für die Küstenlandschaft stellen Sturmfluten, Hurrikanes und Tsunamis dar. Die auf dem europäischen Kontinentalshelf gelegene Nordsee, die dem Nordatlantik angehört, ist in dieser Seminararbeit von besonderer Bedeutung. Die Gefährdung der Nordsee wird hauptsächlich durch die Sturmfluten verursacht, wodurch die Menschen in den vergangenen Jahrhunderten gezwungen waren, sich den natürlichen Gegebenheiten anzupassen und ihre Küsten zu sichern. Der Schutz gegen das mit der Sturmflut einhergehende Hochwaser bildet den Hauptaspekt des Küstenschutzes. Ebenfalls werden die Küsten gegen Erosionen geschützt und die Binnenentwässerung wird gewährleistet. Einen anschaulichen Generalplan zum effektiven und langfristigen Küstenschutz bietet das IKZM-Konzept (Integriertes Küstenzonenmanagement), dessen Hauptziel der Schutz von Mensch und Land ist. Paradoxerweise bietet die Sturmflut selbst durch angeschwemmtes Sediment Schutz für die Küstenregionen.

# 1 Einleitung

„Ebenso wie sich Landschaft als ästhetische Kategorie nicht im nutzenden Umgang mit der Natur konstituieren kann, hat sich in der Analyse der Nutzlandschaft gezeigt, dass Landschaft im alltäglichen Umgang und traditionelle Nutzung nicht zwangsläufig für schützenswert befunden werden. Gleichwohl ist der Naturschutzgedanke im Küstenbewusstsein verankert [...]" (MEYN 2007:91). Doch die Küste ist ein sehr sensibles Ökosystem, das verschiedensten Prozessen, Faktoren und Naturgewalten ausgesetzt ist und dessen Erscheinungsbild sich in kürzester Zeit rasant verändert. Im Rahmen dieser Seminararbeit wird das Landschaftselement Küste und die Notwendigkeit des Küstenschutzes am markanten Beispiel der Nordseeküste thematisiert. Im Fokus der Arbeit steht, inwiefern die Küstenformungsprozesse auf die Küsten einwirken und der Küstenschutz zur Erhaltung von Küsten – insbesondere der Nordseeküste – notwendig ist.

In der vorliegenden Seminararbeit werden zwei Themenkomplexe zusammengeführt: Nach deduktiver Vorgehensweise wird zunächst das Phänomen Küste im Ganzen betrachtet und im zweiten Teil der vorliegenden Arbeit in das Fallbeispiel – die Nordseeküste – übergeleitet. Zunächst wird der Kernbegriff „Küste" definiert. Im Anschluss daran werden die Küstenformungsprozesse erläutert und gehen in die darauf beruhenden natürlichen Küstenformen Europas über. Die naturgegebenen Gefährdungspotentiale der Küsten, die diese in hohem Maße bedrohen, leiten in die Thematik der Nordsee als ausgewähltes Fallbeispiel über. Zu Beginn wird das Untersuchungsgebiet eingegrenzt und die Charakteristika der Regionen erhöhter Sturmflutgefahr werden aufgezeigt. Daran anknüpfend werden die Auswirkungen der Sturmfluten auf die Küstenentwicklung angerissen, um die Bedeutung des Küstenschutzes nachvollziehen zu können. Ferner bleibt die Frage zu klären, ob das Paradoxon „Sturm als Küstenschutz?" einen signifikanten Beitrag zur Erhaltung der Küsten beisteuert.

# 2 Begriffsklärung Küste

Der Begriff „Küste" wird im Alltag mit den Worten Sonne, Sand und Meer assoziiert. Individuen nehmen die Küste lediglich als Wirtschafts-, Siedlungs- und Ballungsraum, sowie als militärisches Grenzgebiet wahr (KLUG 1986:17). Doch aus der Perspektive der Geographie ist die Küste vielmehr das Aufeinandertreffen verschiedener Sphären und deren Wechselwirkungen auf einer schmalen Raumeinheit. Das Areal zwischen Festland und Meer kann zum einen als ein Übergangssektor der Sphären und zum anderen als Ökoton betrachtet werden. Gegliedert werden die Küsten häufig nach geomorphologischen Gesichtspunkten zum Beispiel in Flachküsten und Steilküsten oder in Hebungsküsten und Senkungsküsten. Aus diesen leiten sich weitere Einzelküstentypen ab, welche eingestuft werden nach biotischen Faktoren (LESER 2014:481). Eine exakte Definition von Küstengebieten ist abhängig von der vorherrschenden Brandungswirkung, die bis zu einer Meerestiefe von 10 Metern vorherrscht. Diese ist landwärts durch die Flutwellenbrandung und seewärts durch die äußere Einwirkung der Brandung vorgegeben. Bei einer ausführlicheren Betrachtung der Küstenlandschaft ist es notwendig den Grenzraum zwischen naturräumlichen Besonderheiten mit einzubeziehen. So sind beispielhaft auf der Landseite die Gebirge oder Wälder und auf der Meerseite die Inselketten, Riffe oder Wattlandschaften zu beachten (KLUG 1986:16). Gleichermaßen schwierig gestaltet sich die getreue Abgrenzung zwischen Land und Meer bei der Gezeitenküste durch das Abwechseln der Ebbe und Flut. Das durchschnittliche Tidehochwasser wird als Abgrenzungslinie herangezogen. Allerdings schwankt die Gezeitenmeeresausdehnung bei flachen Küstenabschnitten oftmals um 1000 Meter in der Horizontalen und einigen Metern in der vertikalen Ansicht. Dies erschwert eine exakte Abgrenzung (KELLETAT 1999:84). Inwieweit ein Streifen des Festlandes zum Küstenbild gezählt werden kann, ist abhängig von den Dynamiken des Meeres. Sprich den Brandungen, Strömungen, Flussmündungen und den Gezeiten. Diese Faktoren wirken kontinuierlich auf die Küstenlinie und bewirken den stetigen Wandel sowie Veränderungen in ihrem Verlauf. Weiterhin sind Landhebungen und Landsenkungen sowie die Neigung des Unterwasser- und Küstenhanges, infolge isostatischer, eustatischer und tektonischer Prozesse, prägend für die Gestalt der Küsten (LESER 2014:482).

# 3 Küstenformungsprozesse

## 3.1 Konstruktive Prozesse

Die Küstengestaltung ist hinsichtlich der aufbauenden Prozesse auf verschiedene Weisen geprägt. Loses, leichtes Gestein und anderes Material wird durch die Wellen, die die kinetische Energie von dem Wind aufnehmen und fortführen, vom Meeresboden und den Kliffabschnitten gelöst. Anschließend wird es abtransportiert und an Land geschwemmt. Mit Hilfe der Kraft und Bewegungsrichtung der Wellen wird das Material, entgegen der Schwerkraft, an den oberhalb gelegenen Strandbereichen abgelagert (KELLETAT 1999:101). Die Strände unterliegen dem Effekt der Küstenversetzung. Die Sandkörner werden mit dem Wellenschwall geneigt angespült und durch den beim Zurückgehen der Welle entstehenden Sog senkrecht mitgezogen. Diese bogenförmige Bahn der Sandpartikel beeinflusst die Strandabschnitte in ihrer Formgebung (s.Abb. 1) (GLAWION et al. 2012:244-246).In den Regionen, in denen aufgrund endogener Kräfte vulkanische Aktivität vorherrscht, können die ins Meer fließenden Lavazungen zum Aufbau von Landflächen beitragen. Da diese im Wasser unverzüglich abkühlen und anschließend durch marine und äolische Erosion sehr

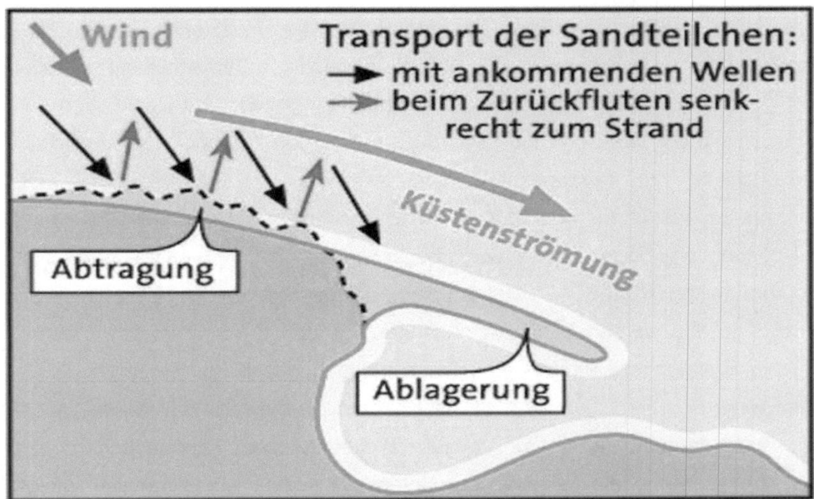



Abb. 1 : Der Transport der Sandkörner.

(aus:<http://www.kuestenexkursion.de> (Zugriff: 28.04.2016)).

langsam abtragbar sind (GLAWION et al. 2012:100). Eine weitere Form der konstruktiven Küstenbildung ist die Ablagerung von Sedimentgestein in Flussdeltas, die die Entstehung junger Schwemmböden verursacht. Dies wird ermöglicht, in Folge der Verlangsamung der Fließgeschwindigkeit in Richtung des Meeres. Das mitgeführte Material sinkt und die Akkumulation dessen setzt ein. Eine weitere Variante der Küstenkonstruktion stellt die Aufnahme des Meeres- oder Küsteneises von Lockermaterial dar. Infolge der Wellen wird das Material an Land aufgetürmt und taut ab. Demzufolge wird das Material äolisch landaufwärts verfrachtet. Das Produkt dieser Art litoraler Akkumulation sind wallartige Dünen. Diese weisen eine unterschiedliche Beschaffenheit und Dauer auf. Spätere Sedimentverfestigungen führen zu besonderen Formen der Küstengestaltung – dem Strandsandstein beziehungsweise Strandkonglomerat. Ebenso ist eine sekundäre Verfestigung innerhalb der Küstendünen möglich, die als „Äolianit" bezeichnet wird (GLAWION et al. 2012:100). Den Abschluss von Aufbauvorgängen an Küsten bildet das Festgestein. Dieses wird durch biogene Vorgänge von Tieren (z.B. Seepocken) geschaffen. Die Korallen sind in ihrer Produktivität weitaus bessere organische Gesteinsformer. Allerdings sind diese lediglich in den südlichen, wärmeren Meeresregionen anzutreffen (GLAWION et al. 2012:102).

## 3.2 Destruktive Prozesse

Wie die Küste geschaffen wird, kann sie durch verschiedene Gründe zerstört und wieder abgetragen werden. Die Küste wird sowohl durch endogene Kräfte, wie Erdbeben, Verwerfungen und kollabierende Vulkaninseln, als auch durch destruktive Prozesse des Küstenlandes zerstört (GLAWION et al. 2012:97). Eine Ursache ist erneut die Wellenwirkung, deren Stärke, wie bereits erwähnt, abhängig ist von der Steigung des Meeresbodens in Küstennähe. In Ufernähe nimmt die Wellenlänge ab. Eine Brandung ist die Folge, denn die Wellen brechen, sofern die Neigung zu steil ist. Die Energie der Wellen verteilt sich effektiver, je mehr Raum zum Auslaufen gegeben ist. Demnach entfalten die Wellen während des direkten Aufpralls an Klippen, Wellenbrechern oder vorgelagerten Leuchttürmen, ihre größte Zerstörungskraft. Das Material abgetragen oder Schäden hervorgerufen (ROSENKRANZ 1986:53). Ein weiterer Faktor der Wellenerosion ist die Festigkeit des Küstengesteins. Während bei Lockermaterialküsten der Sedimentabtrag durch Brandungsströmungen erfolgt, wird der Verlust von Material an Festgesteinsküsten durch Druckunterschiede während des Wellenaufpralls in Ritzen und Spalten an den Felsblöcken oder Klippen herbeigeführt. Die zweite Ursache der Küstenveränderung geht auf die Reichweite der Brandungseinwirkung zurück. Das Ausspülen von Gestein in den unteren Kliffschichten führt zu einer Entstehung von Überhängen. Diese können, durch die Schwerkraft bedingt, unerwartet abrutschen. In diesem Zusammenhang muss erwähnt werden, dass Lockermaterial (wie Sand und weiteres Treibgut) durch die Wellenbewegung fortwährend an den Felsen schlägt. Das sorgt für zusätzlichen Abrieb und schadet der Stabilität des Gesteinsvorsprunges (KELLETAT 1999:98). Zum weiteren Treibgut können hierbei Eisblöcke gezählt werden, die Beschädigungen an Felswänden hervorrufen. Zudem wirkt sich in den kälteren Regionen der Erde der Effekt der Frostsprengung negativ auf den Erhalt von Küstengestein aus, da das Meerwasser in die Felsklüfte eindringt. Aufgrund niedriger Temperaturen erstarrt und das Gestein zum Bersten bringt. In den arktischen Gebieten ist es möglich, dass der gegenteilige Prozess auftritt. Im Verhältnis zur Umgebung begünstigt wärmeres Meerwasser das Auftauen der Permafrostböden. Im Anschluss daran gleiten diese in Form eines Erdrutsches ins Meer. Dieser Effekt wirkt noch stärker an reinen Eispartien, wie in der Antarktis. Große Eisflächen können abstürzen, sprich „kalben", da das wärmere Wasser die Instabilität der unterhalb liegenden Eismassen gefördert hat (KELLETAT 1999:120-123). Den Abschluss bildet die Salzsprengung, die allerdings nur wirksam werden kann, wenn ausreichend Strahlung, wechselfeuchtes Klima und das Potential für Austrocknung gegeben sind. Diese Klimafaktoren greifen lediglich die Gesteinsregionen an, die nicht dauerhaft mit Wasser in Kontakt treten (KELLETAT 1999:125). Chemische Lösungsvorgänge in Folge des Niederschlagswassers und der Abtrag durch Organismen während der „Bioerosion" sind ebenfalls möglich. Dennoch weniger stark ausgeprägt (KELLETAT 1999:98).

## 3.3 Meeresspiegelschwankungen

Das Meeresniveau gibt Land frei oder entzieht den Landflächen einen Teil ihrer Ausdehnung. Somit gehören die Meeresspiegelschwankungen sowohl zu den konstruierenden als auch zu den destruktiven küstenbildenden Prozessen. Sie sind das sichtbare Produkt beider Küstenformungsprozesse. Die Veränderung der Meereshöhe kann verschiedene Ursachen, einmalig oder wiederkehrend, als Folge haben. Die Höhe des Meeresspiegels bewirkt nachhaltige oder kurzweilige

Veränderungen im regionalen und globalen Küstenbild (KELLETAT 1999:102). Einen kurzfristigen Anstieg des Meeresspiegels beziehungsweise dessen Absinken bewirken die Brandung, seebebenbedingte Tsunamis, luftdruckbedingter Windstau (überwiegend an gezeitenarmen Meeren) sowie die Gezeiten und deren Ströme, die sich hinsichtlich einmündender Flüsse noch viele Kilometer landeinwärts auswirken können (SAGER 1959:15). Diese schnell vorübergehenden fluvialen, äolischen Ereignisse, die das mittlere Meeresniveau nicht nachhaltig beeinflussen, stellen den Gegensatz zu den tektonischen, isostatischen oder eustatischen Prozessen dar. Dauerhafte globale oder regionale Auswirkungen auf den Meeresspiegel sind die Folge. So bewirken die Meeresbodenausweitungen, durch tektonische Prozesse (zum Beispiel dem „sea floor spreading"), eine Zunahme der Wassermenge in den Ozeanen und folglich einen höheren fortwährenden Meeresspiegel. Außerdem wird durch die Flüsse das mitgeführte Sediment auf dem Ozeanboden abgelagert und es werden Deltas geschaffen, die den Weltmeeren Teile ihres Volumens rauben sowie sich ihrer Fläche bemächtigen (SAGER 1959:81). Durch das Abschmelzen der Eismassen ändert sich gleichzeitig der Salzgehalt im Meerwasser. Ergo wird der Rückgang der Küstenflora und Küstenfauna vorangetrieben. Die küstennahen Ökosysteme werden aus dem Gleichgewicht geraten. Die Kalt- und Warmzeiten führen zum Aufbau oder Abbau der kontinentalen Eisschilde. Durch die enorme Gewichtszunahme beziehungsweise Gewichtsreduzierung senken oder heben sich die Landmassen und der Meeresspielgel richtet sich dementsprechend aus (s.Abb. 2) (SAGER 1959:83). Diese eustatischen Meeresniveauveränderungen sind abhängig vom Wasserhaushalt der Erde und der wechselnden Bindung des Inlandeises (ROSENKRANZ 1980:96). Die glazialisostatischen Festlandshebungen und Festlandssenkungen sind vorzugsweise an den Küsten Skandinaviens nachzuvollziehen.

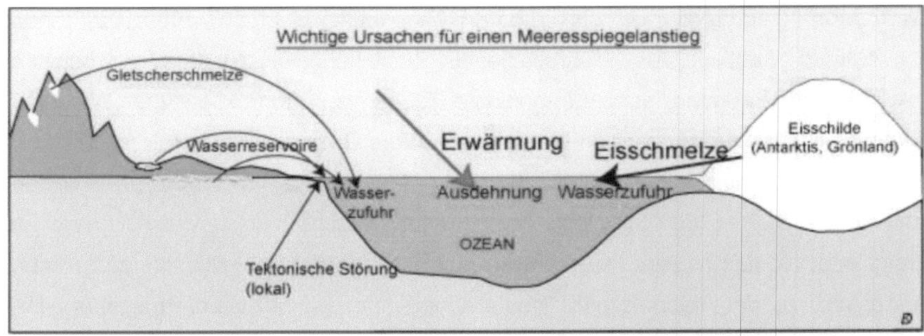


Abb. 2 : Die Ursachen, die einen Meeresspiegelanstieg bewirken.

(aus:<http://bildungsserver.hamburg.de/contentblob/2126256/120ea98b62eb747e6e1ce364f
d282a52 /data/meeresspiegelanstieg-ursachen.jpg> (Zugriff: 28.04.2016)).

## 4 Natürliche Küstenformen Europas

Die komplexen und vielschichtigen Formungsprozesse sowie die Gemeinsamkeiten und Unterschiede bei Küstengebieten erschweren eine Einteilung, da Überschneidungen möglich sind. So können Küsten nach verschiedenen Gesichtspunkten unterteilt werden. Zum einen werden Küsten hinsichtlich des Querschnittes in Flach- und Steilküste gegliedert. Die Flachküste zeichnet sich durch einen typischen Sand- und Kiesstrand und weiterhin durch den äolischen Transport von Lockermaterial, über die Dünen in das Landesinnere, aus. Kennzeichnend sind der stetige An- und Abtrag von Sedimenten und ein fließender Übergang zwischen Land und Meer. Bei der Steilküste hingegen ist der Wechsel zwischen Meer und Festland aprupt und der Strandbereich grobkörniger, geröllreich und schmaler. Die stärkeren Brandungswellen treffen auf die Hänge mit einem nahezu senkrechten Neigungswinkel und spülen die Hohlkehlen in den Kliffen aus, die anschließend schwerebedingt abbrechen (s. Abb. 3). Sind in den Gesteinsschichten benachbarte „Schwächezonen" vorhanden, d.h. Material, das an einer Stelle leicht erodierbar ist, können einzelne Durchlässe entstehen. Diese werden als Brandungstore deklariert (s.Abb. 4). Wird die Auflast oberhalb dieser Tore zu stark oder das Tor zu mächtig, löst sich das Material darüber und stürzt nieder. Die Wellen tragen das Lockermaterial ab und hinterlassen vorgerückte Brandungspfeiler (s.Abb. 5). Weitere Kriterien nach denen sich Küsten untergliedern lassen sind: Das Buchtenvorkommen (beispielsweise an Ausgleichsküsten), die Strömungseinflüsse, die Lage zum Relief

sowie in die glazial geprägten Küsten (zum Beispiel Fjorde und die Einteilung bezüglich der geologischen Entstehung) (GLAWION et al. 2012:250-251).

Abb. 3: Der Brandungspfeiler.
(aus:<http://static3.nachrichten.a t/storage/pic/import/alfa/ratgeber
/reisen/1369525_1_xiofcmsimag e-20151105163501-006011 563b7725bc351-.c353e26e-
9163-4aca-bc1e c229ce9ab018.jpg?version=144 9200040> (Zugriff:28.04.2016)).

## 4.1 Vulkan- oder endogen bestimmte Küsten

Diese Art von Küsten entstanden zumeist durch exogene Prozesse. Durch die differenzierte exogene Gestaltung, die besonders durch die Brandung hervorgerufen wird, entstehen einzigartige Küstenabschnitte. Die zuvor geschaffenen Grabenbrüche, mit lang gezogenem und meist scharf abknickendem Küstenverlauf, sind infolge der Korallenriffe und Kliffe nachträglich verändert wurden (KELLETAT 1999:105). Es ist möglich, dass die Folgen des endogenen Kräftespiels und Besonderheiten der Erdkruste auf der Erdoberfläche, durch Abtragungsvorgänge freigelegt werden. Diese sind später in den Küstengebieten anzutreffen. Rein endogen geformte Küstengebiete sind lediglich dann anzutreffen, sofern eine hohe seismische Aktivität vorherrscht. Zum Beispiel in Form von abrupten Hebungen, Senkungen, Erdrutschen oder Tsunamis. Allein durch Vulkanismus entstandene Inseln und Küsten sind vorzufinden, wenn das geologische Erscheinungsbild über Jahre hinweg konstant bleibt. Meist ist das Lockermaterial neuaufgetauchter Vulkaninseln, wie z.B. bei der isländischen Insel Surtsey, einer sofortigen Erosion durch Wind und Wellen ausgeliefert. Lediglich Lavazungen überdauern diese intensive Bearbeitung. So ist eine runde Inselform, wie sie bei den Kanarischen Inseln oder dem Galapagos-Archipel anzutreffen ist, förderlich, um Aufschlüsse über endogene Formungsprozesse zu gewährleisten. Die Vulkaninseln sind zumeist ein Übergangsstadium für andere Küstenformen. Es existieren Theorien, wonach eine Vulkanküste über eine große Zeitdauer abgetragen wird und kontinuierlich über die Formen des Saumriffes und Wallriffes, an Höhe und Radius verliert. Bis sie letztendlich lediglich unterhalb des Meeresspiegels identifizierbar und einem Atoll mit Lagune gewichen ist (s. Abb. 6) (STRAHLER & STRAHLER 2002:454-461).

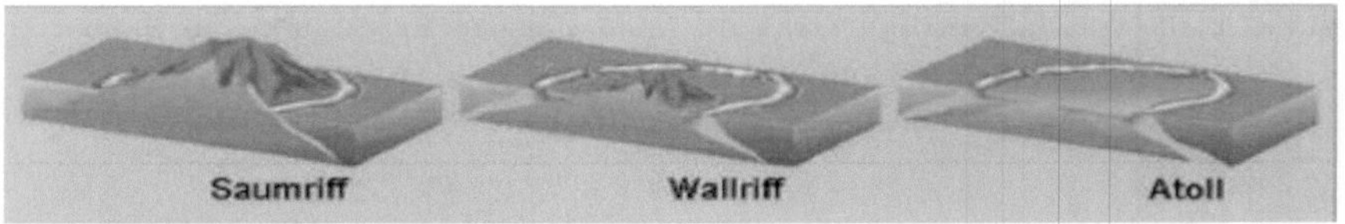


Abb. 4: Die Herausbildung eines Atolls.
(aus:<http://www.pangaea.ch/pict/line-5/atoll.gif> (Zugriff:28.04.2016)).

## 4.2 Ingressionsküsten

Die Ingressionsküsten sind vorzugsweise durch den Anstieg des Meeresspiegels, um ungefähr 100m in den letzten Jahrtausenden, hervorgegangen. Der Grund für das erdgeschichtlich rasante Vorrücken des Meeres, war das Abtauen der Eismassen seit der letzten Eiszeit vor 6000 Jahren (KELLETAT 1999:107). Am widerstandsfähigsten zeigen sich Küstenabschnitte, die in der Vergangenheit von glazialen Abtragungsvorgängen geprägt wurden. So sind beispielsweise die skandinavischen Fjorde der Ausdruck solch maritimer Eroberungen von Räumen. Da sie als ehemaliges Trogtal von Gletschern, der Küstenform, das charakteristisch gewundene, weit ins Inland reichende, mit steilen Berghängen versehene Erscheinungsbild geben. Die Bodden, durch Eisschurf geschaffene Hohlformen, und vom Meerwasser halb geflutet, zählen ebenso zu diesen Ingressionsküsten (KELLETAT 1999:107). Weiterhin gibt es Ingressionsküsten, die ursächlich auf frühere, voreiszeitliche Flussläufe und Einmündungen beziehungsweise Deltas zurückzuführen sind, welche über die Zeit vom steigenden Meeresspiegel eingenommen wurden. Wenn diese Art fluvialer Genese vorliegt, wird von sogenannten Rias gesprochen, die polyfluvial bei einem ehemals stark verzweigtem und monofluvial bei einem davor einfachen Flusssystem ausfallen können. Ehemals äolisch geformte küstennahe Gebiete sind ebenfalls im Laufe des Meeresspiegelanstiegs geflutet wurden. Hierbei stellen die Deflationswannen Senken dar, die durch die Abtragung von Wind geformt wurden (STRAHLER & STRAHLER 2002:459). Der ehemalige Dünenraum wird nun partiell marin beeinflusst. Die Vorarbeiter der Ingressionsküsten können denotative Formungsprozesse sein. Dies sind Vorgänge, bei denen großflächig Land durch verschiedene Medien, wie Eis, Wasser, Wind und Lösungswirkung, abgetragen und herabgesetzt wurde (STRAHLER & STRAHLER 2002:304-305).

# 5 Natürliche Gefährdungspotentiale der Küsten

Besonderes Augenmerk wird im folgenden Teil der Seminararbeit auf die natürlichen Gefährdungspotentiale für die europäischen Küsten gelegt. Seit Menschengedenken fordern Sturmfluten enorm hohe Opferzahlen und verursachen zahlreiche verheerende Schäden. Entlang der Breitengrade werden die Sturmfluten nach Lage und Auswirkungsgrad auf die Küsten unterschieden. Zum einen wirken in den höheren und mittleren Breiten die winterlichen Sturmfluten, sofern die Brandung nicht durch Eismassive abgeschottet wird (FRATER 2004:91). Die Kraft der Wellen und des Wassers verursacht das Abtragen von Stränden, zerstört Dünen oder Steinklippen und modifiziert daher die Küstenlinienformen. Zum anderen treten in den niederen Breiten die singulär erscheinenden tropischen Wirbelstürme (auch: Hurrikans) auf, die das Ausmaß der Sturmfluten durch hohe Windgeschwindigkeiten zumeist übersteigen (KELLETAT 1999:200). Die einhergehenden Starkwinde treiben gewaltige Fluten an die Küsten und sind dabei ausschlaggebend für die enorme Zerstörung von Festlandsbauten. Zwar sind Wirbelstürme bisweilen zumeist in tropischen Gefilden anzutreffen, doch wegen des Klimawandels verändern sich die Klimazonen. Folglich wandern die wärmeren Bereiche, die als Grundlage für sich entfaltende Hurrikanes und Taifune dienen. In Zukunft werden Wirbelstürme in Europa keine Ausnahmen mehr bilden (PODBREGAR & LOHMANN 2015:145-155). Eine weitere Gefährdung, die auf die Küsten einwirkt, sind Seebebenwellen (auch als Tsunamis bekannt). Diese treten vorzugsweise an aktiven Kontinentalrändern, vulkanischen Inselbögen und Plattengrenzen auf. Innerhalb kürzester Zeit breiten sich die Seebebenwellen vom lokalen Ursprung aus und verursachen gravierende Schäden in bis zu 1000 km entfernten Küstenregionen. Flussmündungen, Inseln und die Neigung eines Meeresufers sind Einflüsse, die die Ausprägung der Schäden an Küsten verstärken. Die europäischen Küsten bleiben vor dieser Gefährdung nicht verschont (PODBREGAR & LOHMANN 2015: 25-26). Die Gebiete entlang eines Deltas sind der ständigen Gefahr einer Sedimentkompaktion ausgesetzt, die heimtückisch und beinah unmerklich das Kräfteverhältnis und die Konfiguration der Küsten bestimmt. Die Sedimentkompaktion ist gekennzeichnet durch die natürliche Auflast und das Austreten von Luft und Wasser aus den Porenöffnungen. Aufgrund des punktuellen Ballasts an den Flussmündungen folgt ein langwieriges isostatisches Absinken sowie Absenkungen von großen Plattenstücken (KELLETAT 1999:201).